U0233250

如何保护水资源？

〔英〕伊莎贝尔·托马斯（Isabel Thomas） 著

〔西〕埃尔·普里莫·拉蒙（El Primo Ramón） 绘

大南南 译

中国出版集团
中译出版社

目 录

萨拉·休斯教授给小朋友们的一封信：

萨拉是一位水文水资源与气候科学家，研究如何在不断变化的气候环境中保护水资源，特别是如何保护城镇水资源。萨拉与多位科学家和世界各国领导人合作，共同提出了未来水资源保护理念。

萨拉·休斯教授
密歇根大学水文水资源与
气候科学家

水是地球上最宝贵的资源。人类有了水才能维持健康，动植物有了水才能茁壮生长。我们时时刻刻都离不开水，随处可见的水是我们的生命之源，但是，地球上的水并不是无穷无尽的。

过去几千年来，由于人类大量使用淡水，无论是地球淡水资源的分布位置，还是所有动植物的可用水量都已经发生了很大的变化。人类的用水量过于巨大，已经危及地球的水资源供应。

保护水资源是一项艰巨的任务。我们的用水需求持续增长，气候也在不断变化。我们需要大量的水来维持日常生活、生产食物和维护环境，但我们必须停止过度用水，保护水资源，防止有害的化学物质污染水源。同时，我们应该采取合理的方式来储存、运输和净化水，为我们的子孙后代留下安全、经济和足够的水源。

当你读完这本书，了解到水资源对人类的重要意义之后，希望你能向身边的人讲解水资源的重要性，并和他们一起来保护水资源。如果每个人都能贡献出自己的一份力量，那么我们携起手来就能保护地球未来的水资源。让我们立即行动起来吧！

＊本书插图系原书插图。

思维导图

本书运用"思维导图"的结构，将大量不同类型的信息连接成"一张思维的地图"，使复杂的话题易于理解。本页的思维导图重点关注"如何保护水资源"这个问题，将此主题细分为七个小问题，这些问题同时也是每个章节的主题。

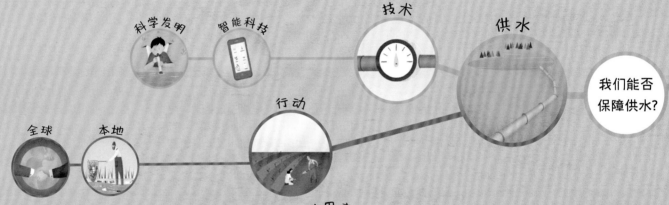

深入探究

对于感兴趣的话题，你可以沿着标记好颜色的线逐一展开研究。比如：人类对水的三大利用方式——农用、家用、工业用。顺"线"摸"瓜"，就可以看到更多细节。

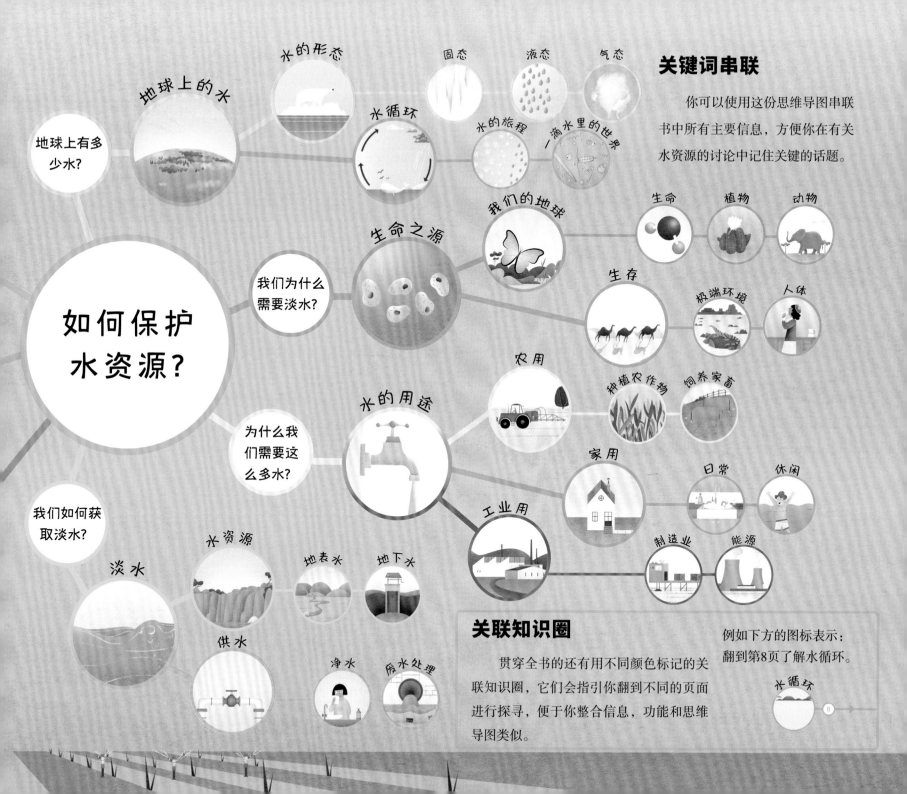

水的形态

固态　液态　气态

地球上的水

水循环

水的旅程　一滴水里的世界

地球上有多少水?

我们的地球

生命　植物　动物

生命之源

生存

极端环境　人体

我们为什么需要淡水?

如何保护水资源?

水的用途

农用

种植农作物　饲养家畜

为什么我们需要这么多水?

家用

日常　休闲

工业用

制造业　能源

我们如何获取淡水?

淡水

水资源

地表水　地下水

供水

净水　废水处理

关键词串联

你可以使用这份思维导图串联书中所有主要信息,方便你在有关水资源的讨论中记住关键的话题。

关联知识圈

贯穿全书的还有用不同颜色标记的关联知识圈,它们会指引你翻到不同的页面进行探寻,便于你整合信息,功能和思维导图类似。

例如下方的图标表示:翻到第8页了解水循环。

水循环

地球上有多少水？

地球近四分之三的表面覆盖着水。这么多水在地球表面奔腾不息，如果你飞到太空，你会看到地球是一颗美丽的蓝色星球。地球上的水，有的汇成大海，有的冻成冰盖，有的聚成天空中飘浮的云朵。水无处不在，但我们需要的只有淡水，而淡水只占全部水资源的一小部分。

地球上的水

你可能见识过浩瀚的海洋，也在午后的阵雨里撒过欢儿。你可能会觉得，地球上的水是无穷无尽的。但实际上，并不是所有水都能被生物利用。

水的形态

地球上的物体分为固体、液体和气体，而水是自然状态下唯一能够以三种形态同时存在于地球表面的物质。正因为水的这种特殊性质，地球上才出现了生命。

固态

6

液态

6

气态

6

水循环

地球上的水在"水循环系统"中不停运动，使地球获得不间断的淡水供应。

水的旅程

8

一滴水里的世界

10

地球上的水

地球上的水无处不在。雨水降落地面，汇成奔涌的河流；冰山漂浮在海面，瀑布从高山上飞流直下；雾气四散，雪花飞舞；波浪拍打着海岸，小水坑里水花四溅，冰雹砸落地面，噼啪作响。大海里的潮汐涨涨落落；草地上的露珠闪闪发光。我们脚下的土壤和构成山脉的岩石都含有水分。水四处移动，从固体变成液体，又从液体变成气体。随着温度的变化，水在三种形态中来回变换。

固态

只有不到2%的水以固态（冰）的形式存在，包括南极和北极的巨大冰盖，冰川和漂浮的冰山，以及高耸的雪山之巅长年不化的积雪。

水的内部

将一滴水放大到一定倍数，就能看到微小的水分子紧紧地挤成一团。每一个水分子都由两个氢原子（H）和一个氧原子（O）结合而成。一滴水（H_2O）就含有 1 500 000 000 000 000 000 000（1.5×10^{21}）个水分子！

H_2O

液态

地球上大部分的水都以液体形式存在。液体状态的水汇聚成广阔的大海和奔涌的河流，也存在于湖泊、沼泽和土壤之中。

水的形态

通常，水无色无味，但是它有一种特殊的性质，就是在温度正常的状态下，水是唯一同时以三种形态（固态、液态和气态）存在的物质。

气态

水蒸气就是气态的水。一般情况下，我们用肉眼看不到水蒸气，但有时可以看到水蒸气凝成的薄雾。

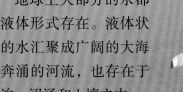

大气中的水

地球上只有一小部分水存在于大气之中，而且大部分存在于海平面以上10千米内的大气中。在海平面40千米以上，大气中水的含量更少。而这个高度大约仅是地球到太空的距离的一半！

水的运动和变化

随着地球表面温度的变化，水不断改变形态：从冰变成液态水，再从液态水变成水蒸气，循环往复。由于不停变化，水总是处于运动之中。

水循环

8

所有生物体都含有水。

地下水

水不仅存在于地球表面和空气之中，科学家发现，在地下约966千米处也有水的踪迹。

知识圈

地球是一颗蓝色的星球。无论是地球表面、大气层还是地底深处，水无处不在。水以不同的形态一刻不停地运动着。

水循环

　　白天，阳光普照，地表温度升高。夜晚，太阳下山，地表温度下降。这个升温和冷却的过程不断重复，从而为我们带来了风，也为"水循环"这个重要过程提供了动力。海水蒸发，进入大气，又遇冷凝结成水滴，回到陆地和海洋的怀抱。在这个过程中，水的形态不断改变。

冷却

　　暖空气在上升过程中迅速冷却。此时，空气中携带的水蒸气遇冷凝结，变成液态水。小小的水滴聚集在花粉或灰尘颗粒周围，越聚越大。

移动

　　水滴聚集在一起，形成云朵。风吹云动，云朵中的水也随之移动。

水的旅程

　　水分子随着水循环系统不断移动。一个水分子在河流中也许只逗留短短几周，却有可能在海洋中度过漫长的4 000年。不过，一旦进入大气，小水滴最多只需要11天就能重回大地。

升温

　　在阳光的照射下，水分蒸发变成水蒸气，上升进入大气。

循环水

　　在水循环系统中，地球上的水循环往复。今天的你喝下一杯水，这杯水可能曾被恐龙和剑齿虎畅饮，也曾为埃及王后解渴。

霸王龙

埃及王后
纳芙蒂蒂

蒙古勇士
成吉思汗

剑齿虎

水的运动

回归大地

一旦水滴积聚到大头针那么大，或者因为温度过低而凝结成冰晶，重力就会发挥作用。因为有了重力，我们才会稳稳当当地站在地面上，不会摔倒，也不会飞到半空！在重力的作用下，水滴和冰晶化作雨水、冰雹、雪花，落到地球表面，汇聚于江河湖泊。

即便在遥远的恐龙时代，地球的水循环系统也和今天没什么两样。

径流

水滴落入小溪与河流，又从高山上奔涌而下，最终汇入大海。溪水和河水也会渗进岩石，或者冻结成冰，覆盖在大地与海洋表面。

科学家
阿尔伯特·爱因斯坦

艺术家
弗里达·卡罗

环保主义者
格蕾塔·通贝里

"南非国父"
纳尔逊·曼德拉

知识圈

水在地球上不停移动，构成水循环系统。水不断蒸发、冷凝、返回大海，就这样循环往复。

纯净的水

　　说起来你可能会感到惊讶：地球上几乎找不到纯净水。溪流、湖泊、海洋里的水看起来晶莹剔透，但放大之后，你就会发现水里混杂着无数杂质，有细菌，也有微小的尘埃。大多数水也会含有它接触过的东西，比如盐分。苦咸苦咸的海水不适合饮用，但我们日常饮用和使用的水也并不是完全的纯净水。

水循环

8

一滴水里的世界

　　在显微镜下，可以看到一滴海水里含有几千种微小的植物、藻类和细菌。这简直是一个生机勃勃的微型世界！

为什么海水是咸的？

　　水流过陆地，流经土壤和岩石，冲刷着海床，很多物质溶解在水中。盐是一种特别容易溶于水的物质。水分不断蒸发，水中的盐分则留在了大海里，久而久之，海水就变咸了。

海水

　　地球上的大部分水都是咸咸的海水。广袤的海洋覆盖着约四分之三的地球表面。从太空眺望地球，你会看到一颗蓝色的星球。

物质如何溶解于水

溶解是一种特殊的混合过程。物质溶解之后就分解成很小的颗粒，看起来似乎消失在水中，比如，我们在饮料中加入的糖。很多物质都能在水中溶解。

水循环也是过滤淡水的过程。水化成雨水或雪花，降落到地面。

家庭用水

26

淡水

湖泊、河流、雪和冰都含有淡水。淡水中溶解的盐分比海水少得多。地球上只有2.5%的水是淡水，但大部分淡水都被封冻在冰盖和冰川之中，或者埋藏在地底深处。

知识圈

水能够溶解很多物质，所以淡水很容易被污染。大多数淡水都需要过滤才能饮用。

饮用水

陆地上的所有动物和植物，包括人类，都需要喝水。地球拥有大量的水，但洁净的淡水资源非常宝贵。

我们为什么需要淡水？

植物和动物都是由数十亿个细胞组成的，所有细胞密切合作，形成一个整体。细胞的主要成分就是水。细胞里的水向外推动，帮助生物保持外形。细胞还通过水运送食物和氧气，通过水来清理废物、控制体温。

生命之源

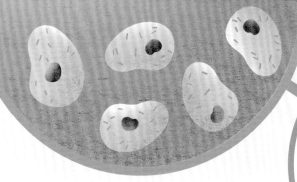

在地球上，哪里有水，哪里就有生命。包括人类在内的所有生物都需要水才能生存和生长。

我们的地球

动植物的主要成分都是水。动植物以数千种不同的方式使用水。

生命

植物

动物

生存

陆地上的动植物需要淡水才能生存下去。为了保存稀缺的水分，干旱地区的生物进化出了特殊的本领。

极端环境

人体

地球上的生命

即使在100万千米之外，我们还是能够轻易看出地球与太阳系内其他岩质行星之间的差异。只有地球拥有蓝色的海洋、流动的河水、漂浮的云层和巨大的白色冰盖。只有地球拥有足够多的水，使宇航员在太空也能看到这颗美丽的蓝星。因为有了水，地球才成为太阳系唯一拥有生命的行星。水给地球带来了生命。

鸟类身体里60%是水分

许多植物90%都是水分

人的身体里含有60%~70%的水

生物

人类拥有坚硬的骨骼和强壮的肌肉，然而人体至少有三分之二是"水做的"。水是所有生物的重要成分，动植物必须不断补充水分才能活下去，所以我们才会经常感到口渴！

有些水母身体里95%都是水！

补充水分

鱼的身体含有70%以上的水

20

因为没有水，水星上也就没有生命。

地球

大约40亿年前，海洋中出现了地球上最早的生命。今天，陆地上生活着数百万种不同的植物和动物。没有水，这些动物和植物就活不下去。

水星

水星上没有液态水。不过，人类向水星发射的轨道太空探测器在最深的陨石坑底部发现了少量冰。

知识圈

在浩瀚的太阳系，地球是唯一拥有生命之水的行星。万物生灵都含有水，都要依靠水才能生存下去。没有水，地球就会成为生命的荒漠。

水的用途

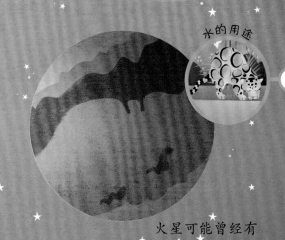

16

金星太热了，不可能存在液态水，也就不可能有生命。

火星可能曾经有过生命。

火星

和地球一样，火星的两极也有冰盖。火星上还有山谷和峡谷，表明曾经有液态水流过地表。但在很久以前，这些水就通过蒸发进入太空，或被困在岩石之中。

金星

金星曾有过一片浅海。这些海水蒸发后，二氧化碳聚集在大气中，形成温室效应，使金星的温度不断升高。

水的用途

从茂密的藤蔓到灵活的豹子，地球上的所有生灵都离不开水。水最擅长溶解氧气和一些营养物质，携带它们进出细胞和生物体。细胞内的水帮助动植物完成各种化学反应，使动植物获得足够的能量维持生命。这么多动植物如何吸收和使用水？放心，动物和植物各有自己的看家本领。

植物细胞内部

植物细胞里充满了细胞质，细胞质的主要成分就是水。水撑起了细胞的内壁，帮助细胞保持形状。一层薄薄的细胞膜浸泡在水中。细胞壁非常坚固，防止细胞像水气球一样爆裂。

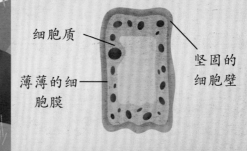

细胞质

坚固的细胞壁

薄薄的细胞膜

纯净的水

制造食物

绿植巧借太阳的力量分裂水分子。它们使用一部分水分子来制造食物，使用另一部分向大气层输送氧气。

植物离开水就会枯萎。

逆流而上

如果将水装进极细的管子，水就会打破重力的束缚，向上流动。这就是人们常说的毛细管现象。植物就利用这种原理将水分从下面的根部输送给上面的叶子。

植物的根从土壤中吸取水分。

水填满了土壤颗粒之间微小的空隙。

蓄热

与其他物质相比，水升温和冷却的过程都相对缓慢。正是因为水的这种特性，大多生物才能保持相对稳定的体温。

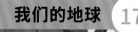

地球上的生命

动物细胞内部

动物细胞里充满了细胞质，且只有一层薄薄的细胞膜，没有坚固的细胞壁。动物的身体小心控制着细胞内外水量的平衡。

细胞质

薄薄的细胞膜

植物输送管道

植物需要将叶子内部生成的营养物质运送到其他部位。一棵大树需要将营养物质向上输送将近100米！植物利用体内的水溶解营养物质，形成汁液，再将它们送到植物的各个部位。

知识圈

水携带着重要物质进出生物细胞。在细胞内部，水帮助细胞制造能量，维持生命。由此可见，水具有不可替代的重要作用。

水分的吸取和流失

动物通过喝水和吃东西来吸收水分。水是血液和其他体液的主要成分，其中也混合了其他物质。生物体通过体液为细胞送去营养物质，再顺道带走代谢废物。

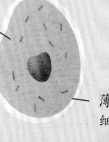

龙鱼

重压之下

空气和水不断挤压生物，产生压力。在海洋深处，这种压力达到了最大值。细胞内部的水也会产生压力，与外部的压力互相平衡，使水中的生物保持原形。

干旱地区的生命

　　沙漠是世界上最干旱的生物栖息地。一般来说，沙漠的年降雨量只有雨林的十分之一。大多数植物都无法在如此干旱的情况下生存，更别提需要大量水的树木了。由于植物稀少，沙漠看起来一片荒凉。不过，即使是在世界上最干旱的地方，比如纳米布沙漠，有些动植物也能顽强地生存下去。它们有的进化出了特殊的储水本领，有的通过巧妙的行为收集水分。

凉爽沙漠中的生命

　　纳米布沙漠位于非洲西南部大西洋沿岸。这里虽然气候凉爽，却是世界上最干旱的地区之一。在干旱年份，纳米布沙漠根本不下雨。这片沙漠满是砂砾碎石，人烟稀少，有些本土动植物却进化出了获取水分的独家本领。

羚羊群

雾滴捕获

　　沿海的沙漠经常笼罩着雾气。一只拟步甲虫拱起肚子，静静等待着什么。你瞧，雾气中的水分凝结成露珠，顺着甲虫凹凸不平的翅膀滴进它的嘴里。

食物中的水

　　沙漠生物通过捕食猎物获得水分。纳米比亚变色龙能够随时随地改变身体的颜色，让自己和沙漠融为一体。利用这个绝招，它能成功捕食蠕虫、甲虫和蝗虫。

节约用水

　　沙漠哺乳动物想尽一切办法节约用水。和其他地区的鼹鼠不同，生活在沙漠中的金毛鼹粪便非常干燥，尿液浓度也很高。

水循环

地球上的生命

极端环境

很多沙漠，气候炎热又多风，地表水分根本等不到雨水补充，很快就蒸发得一干二净。

水源

在没有水的情况下，羚羊仍能坚持好几天。原来，它们能从食用的植物中获取水分，有时还会挖坑取水。

知识圈

沙漠生物所在的生态系统非常脆弱，水对于它们的生存来说至关重要。即使栖息地发生最微小的变化，也会给沙漠生物带来巨大的影响。如果沙漠植物遭到破坏，那么沙漠昆虫和大型动物就有可能失去获取水的渠道。

储水

生石花有两片厚厚的叶子，其中储存了大量水分。生石花也被称为"活石"，看起来就像一块惟妙惟肖的鹅卵石，很容易被口渴的动物忽略。

自我灌溉

千岁兰只有两片长长的叶子，经过风吹日晒，叶子被撕成许多条。海上飘来的雾气在叶片上凝结成水滴，滴入土壤。土壤下伸展的树根乘机吸收水分。

千岁兰寿命可达两千年！

温度平衡

森吉，也叫象鼩，最喜欢在沙子里挖洞，白天用来纳凉，晚上用来避寒。森吉喜欢吃昆虫和其他外形古怪的爬行动物，并从食物中获取水分。

水与人体

　　和其他生物一样，人体的主要成分也是水。人体细胞含有水，所有器官和组织都被水包围。水也是血液的主要成分，负责将人体所需的矿物质和营养物质输送到各个部位。普通人每天需要摄入两升左右的水，才能维持体内的水分储备，保证身体健康。如果不喝水，人的生命只能维持三天左右。

眼泪

　　眼泪的作用非常重要。除了能传达感情，眼泪还能冲洗眼中的污物和化学物质，保持眼部清洁。

补充水分

　　我们的身体会产生尿液和汗水，导致水分流失。每次呼吸时，水分也会以水蒸气的形式离开体内。如果你觉得口渴，那就说明你的身体已经处于缺水状态，这时应该赶快喝水，以补充身体内的水分。

获取水

润滑作用

我们嘴巴里有唾液，身体内部各种通道也覆盖着滑滑的黏液，这些液体的主要成分都是水，可以帮忙将食物送进消化系统。人体内的其他水分还可以协助关节活动，能够在大脑和眼睛受到冲击时起到缓冲的作用。

降温作用

水在控制体温方面起着重要作用。人体血液和组织中的水分能够带走肌肉中的热量。皮肤会排汗，汗水蒸发，就能降低血液的温度。

做运动的时候，我们的肺部每小时就会流失一小杯水。

运输系统

水分帮助血液流动。血液可以被快速泵送到身体的各个部位，输送营养和氧气，带走废物。

充满水分的身体

人体某些部位含有的水分比其他部位更多。即便是坚硬的牙齿，也有8%~10%是水分！

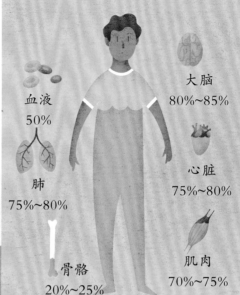

大脑
80%~85%

血液
50%

心脏
75%~80%

肺
75%~80%

肌肉
70%~75%

骨骼
20%~25%

饮水

43

知识圈

为了补充身体使用和流失的水分，我们每天都要饮用淡水。进食和饮水都是补充人体水分的重要环节。人体摄入水分的三分之一通常都来自食物。

为什么我们需要这么多水？

我们每天都要喝水，还要洗衣服、做饭、打扫卫生，样样离不开水，但水的用途远远不止这些。我们购买和使用的所有商品，生产过程都有水的参与，包括电力、服装、食品、互联网、纸张以及交通工具。

农用

种植农作物

为了给食品、服装和其他商品提供原料，我们需要种植作物和饲养家畜，而这两项活动是名符其实的"用水大户"。

饲养家畜

24

2

水的用途

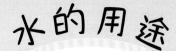

用水量取决于用水目的。我们生产、购买和使用的所有商品都离不开水。

家用

日常

在家里，我们不仅要喝水，做饭、取暖和冲厕所也要用到水，有些个人爱好也需要使用大量的水。

休闲

26

26

工业用

制造业

生产能源、挖掘原料、在工厂中制造产品，哪一样都离不开水。即便是互联网，也要依靠水才能运转起来！

能源

28

29

食品用水

农业用水比其他任何行业都要多。事实上，在我们使用的淡水中，近四分之三都用于给庄稼浇水（也就是我们常说的"灌溉"）和饲养牲畜。随着世界人口不断增加，我们会需要更多的食物。到2050年，我们需要的粮食总量有可能达到今天的两倍。与此同时，在有些地方，缺水还会造成饥荒。人们正在竞相开发新的技术，希望以此减少农业和畜牧业的用水量。

农作物集中供暖

农业用水并非都用于灌溉和喷洒，有些水还用于温室加热，或用于冷却大型建筑物，保障其中的农作物健康成长。

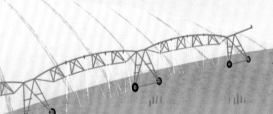

人们在雨水充沛的时候种植农作物。

种植农作物

农民需要水来灌溉农作物。有些地区的降雨非常充沛，这足以让农作物生长。但在比较干旱的地区，农民就需要从河中调水灌溉以弥补雨水的不足，确保农作物健康生长。

喷洒农药

很多农作物都需要喷洒农药。农药是溶解在水中的化学物质，这些化学物质最终会进入河流，这是造成水污染的主要原因。

灌溉

加工食品

出了农场大门，处处仍然需要水。农场和食品生产商都要用水清洗要售卖的农作物，工厂在加工肉类和制作食品包装时也需要使用水。

饲养家畜

生产肉类、奶制品和鸡蛋等动物制品需要使用大量的水，其用水量大约是生产植物制品的1.5倍。动物一年四季都需要喝水。此外，农民还需要清洗饲养动物的场地，灌溉用作饲料的农作物。

红肉

仅制作八个牛肉汉堡就要使用约16 000升水，这是种植相同数量的谷物或根茎类蔬菜的用水量的20倍。

少吃肉

乳业

生产乳制品的行业需要淡水来进行冷却和清洁。仅生产约1升牛奶就需要大约9升的水。

知识圈

作为第一用水大户，农业极有可能面临缺水问题。因此，我们必须降低农业用水量，同时尽量避免水源污染。

64

家庭用水

我们每个人平均每天要使用几十升水。当然，每个人的用水量都不一样，有的节约，有的浪费。我们要喝水，要用水来洗衣服、做饭、打扫卫生，取暖或是降温，还要用水冲厕所。植物需要浇灌才能茁壮成长，泳池里灌满了水，这样我们在闲暇时就能畅游几圈。家庭生活里到处都能找到水的影子。

饮水

很多国家都对自来水进行净化处理，确保饮水安全。

厨房用水

我们做饭时通常都需要水，但洗碗使用的水比做饭使用的多得多。有些厨房每分钟就要消耗约27升的水！

清洁

从洗碗机、拖把到喷雾器，我们的清洁工作也需要使用大量的水。

降温

运动和休闲

我们的休闲活动要使用大量的水。但是如果气候干旱，降雨稀少，我们就应该减少不必要的用水，这才是节约用水的最好方法。

花园里有很多人工种植的植物，它们不仅需要雨水，还需要人工灌溉。

21

"水足迹"是什么?

我们将日常生活中水在每种用途中的总量称为"水足迹"。宠物也有水足迹,它们的大部分水足迹来源于生产宠物食品消耗的水。

取暖和制冷

中央供暖和空调系统也非常耗水,它们使用的水往往占到整座建筑物内用水量的四分之一。

浴室

在普通家庭中,三分之一以上的水用于盆浴和淋浴,还有三分之一用于冲马桶。

供水

37

洗涤

我们每洗一次衣服,都会增加衣服的水足迹。在排入下水道的总水量中,近五分之一是用于洗涤衣物的。

知识圈

我们的日常生活离不开水,有了水,我们才能保持身体健康。但如果想要减少水足迹,我们可以从减少家庭用水做起。

隐藏用水

　　从衣服、玩具到电力和互联网，普通家庭日常用品的制造要耗费大量的水。例如，生产一只普通的塑料瓶就需要4升多的水，而这只普通的塑料瓶远远装不下这么多水。世界各地的农场、工厂和各行各业都需要使用水。在欧洲等降雨量充沛的地区，工业用水几乎和农业用水一样多。制造和运输产品也会产生水足迹。

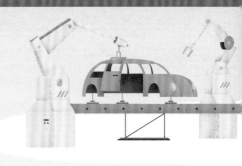

汽车

　　仅生产一辆汽车就需要20多万升水。而全世界每年会生产7 800多万辆汽车。

世界上大约五分之一的淡水被用于制造日常用品。

26

家庭用水

网上冲浪

　　视频通话、流媒体、网络游戏都需要使用计算机。这些计算机被集中摆放在大型建筑物内，为了给这些建筑物降温，我们每天要使用数百万升的水。

采矿和采石

　　我们在挖掘地下原材料时，也要通过很多种方式使用水。矿工们用水冲出泥土中的"矿浆"，用其制造建筑材料。

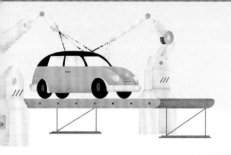

制造一只汽车轮胎就需要大约2 700升水。

甘蔗等用于制造生物燃料的作物在生长时需要大量的水。

发电

我们生产各种能源都要消耗淡水。淡水能够冷却发电站的蒸汽，还能提取和加工燃料（包括氢燃料等绿色能源），也用于灌溉制造生物燃料的作物。

减少能源使用

65

造纸

生产一张纸可能需要9升多的水。造纸使用的速生林需要吸收土壤中的水分。造纸厂的制浆和漂白工序也要使用水。

服装

纺织工业使用织物制造衣服和其他产品，也是用水大户之一。棉花的生长需要大量的水，制造棉质短袖和牛仔裤的工序也要耗费大量水资源。

知识圈

工业的用水量同样不容小觑，不过工业用水并不一定是洁净水或淡水，这一点和农场及家庭用水不同，因此工业领域具有可观的节水潜力。

我们如何获取淡水？

全世界约有80亿人口，每个人都需要洁净的淡水！我们使用的水来自很多地方，包括溪流、水库和水井。一般来说，从我们家中水龙头里流出的自来水已经过净化和处理。

水资源

河流、水库、湖泊和地下水都是重要的淡水资源，其补给的来源是雨水。

淡水

在世界各地，很多人直接使用河流、湖泊、泉眼和水井中的淡水，还有一些人则使用通过管道和容器运送到家中的水。

供水

水务行业负责对淡水进行净化，再通过管道将清洁的淡水送到千家万户。他们还负责处理家庭排出的废水。

寻找水资源

我们居住的地方都属于"流域"。如果一个地区的所有雨水和雪水都排放到一片特定区域,那这个地区就叫流域。流域的水可以排进江河湖泊或大海,也可能渗入地下。我们居住在不同的流域,也就使用不同的水源。淡水可能取自湖泊、溪流、融化的冰川,可能来自抽取地下水的水井,也可能来自水库等人造储水区。

水循环

8

水源

在历史上,人们为了生存,必须居住在距离淡水资源较近的地区,否则就需要辗转寻找水源。今天,大多数人都在家中用上了自来水,有些自来水可能来自很远的地方。

地下水

如果某个流域的地表水渗入土壤和岩石,那么这片流域大部分的水都在地下。有些地下水会通过泉水和河流返回地表。

储水

人们建造大型湖泊储存淡水,以备使用。我们将这样的人工湖泊称为水库。水坝能够控制河水,使其改道流入水库。

供水

37

水往低处流

在重力的作用下，水从高处流向低处，汇聚成水体。丘陵和山脉分隔水流，形成不同的流域。

水量

在流域地势较低的地方，可供使用的淡水量取决于较高处的雨水或雪水总量。有些淡水通过蒸发或者人为因素而流失，这也会影响可供使用的淡水总量。

水质

地方水源的清洁度取决于流域上游的状况。家庭、农场、工厂和矿山都有可能污染水源，被污染的水将流到下游。因此，我们需要精心管理水源，防止水污染。

知 识 圈

要了解供水，我们就先要了解流域的整体情况。人类活动对于流域下游的水质和水量具有重要影响。

钻井取水

几乎所有的液态淡水都存在于地下，渗透于土壤和岩石缝隙之间。和河流湖泊等地表水相比，地下的淡水更难获取。要得到这些水，我们需要在含水层上挖井或者钻孔。含水层的地下水透过岩石渗进土壤。地球上至少一半的人口通过含水层获取清洁淡水。

日常用水

28

地下水位

地下水面相对于基准面的高程被称为地下水位。随着季节、天气和气候的变化，地下水位也会发生变化。

含水层

地下水面以下饱含水分的透水岩土层被称为含水层。我们在挖水井时，必须挖到含水层才会有水。如果地下水被岩石紧紧包围，水面就会自然上升。有时我们也会使用水泵将地下水抽到地表。

岩石和土壤

根据地下岩石的类型，不同地区获取地下水的难度各有不同。有些岩石带有裂缝，地表水很容易渗入，形成含水层。

逐水而居

过去，人们在河流和湖泊等地表水源附近定居，进而形成了城镇。今天，许多大型社区也建在地下含水层附近。我们必须精心管理这些地下水源，避免过度取水，确保水源获得及时补给。

废水

38

炎热的地表

现代城镇的大部分地面都是砖石铺就而成，包括马路、人行道和停车场。因此，雨水在渗入地下、补充含水层之前，可能早已蒸发或汇入了河流。

天然泉水

有些地区含水层里的水涌向地表，形成泉水。泉水为人们带来了易于取用的水源，但其地下的含水层也更容易被污染。

塌陷风险

从含水层中过度取水，有可能导致土壤和岩石塌陷，使地下形成空洞，含水层正上方的地表会因此而下陷。

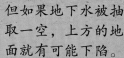

充盈着地下水的含水层能够支撑上方的地面。

但如果地下水被抽取一空，上方的地面就有可能下陷。

知识圈

含水层是重要的淡水来源，对于城镇来说尤其重要。我们必须精心保护含水层，确保取水速度慢于雨水对含水层的补给速度。

水龙头里的水

很多人都使用大型公司或政府提供的净水。这些水取自天然水源或人造水源，都经过过滤和化学处理，去除了有害细菌，再通过水泵和管道系统被输送到人们的家中和工作场所。今天，家家户户打开水龙头就可以轻松获得源源不断的淡水，但我们绝不能忘记相关人员和机构为此付出的努力。

家庭用水

用水权也是人权

联合国宣布，人人都拥有使用水的权利。各国政府有责任确保每个人都能获得安全、清洁、便宜的饮用水，以保证人们身体健康。

水资源管理

很多国家都由政府管理和提供清洁的淡水。在一些国家，企业也可以参与竞标，由胜出者为特定地区的居民提供水源和清洁服务。

净水

我们要使用净化后的水，这样才能确保我们不会因为饮用或使用了不洁净的水而生病。

爱护环境

所有供水机构都应该认真考虑一个问题：如何避免破坏环境？不管我们从哪里取水，过度用水都会严重影响当地的动植物。

谁来支付水费？

在很多地方，家庭和企业用户需要支付水费账单和相关税款，这笔钱被用于维持供水和排水服务。有些富饶的国家会向贫穷地区捐款，帮助他们获得足够的资金来购买供水服务。

海水淡化

55

处理海水

在有些非常干旱的地区，人们要对海水进行淡化处理，通过去除其中的盐分，将海水变成淡水。海水淡化过程需要使用大量能源，因此成本很高。

收集水

供水机构从地表和地下水源收集淡水。因为每个季节的降雨量都不相同，为了调整储水量，人们还需要在河流中筑坝，或建造水库，以确保全年都有足够的水源储备。

知识圈

人人都有权获得饮用水和清洁用水。今天，大多数人向供水机构付费购买清洁安全的淡水。水在通过管道输送到水龙头之前，必须经过净化处理，这样才能确保我们的使用安全。

供水

供水机构负责维护大型输水管道网络，将水输送给千家万户。管道漏水是常见的主要问题，因此供水机构必须定期对管道进行维护。

废水处理

　　水务机构的工作不仅仅是确保淡水供应，它们还负责处理居民排放的废水。人们将废水收集起来，通过地下排水管或下水道将其送至污水处理厂。污水处理厂对废水进行清洁处理，去除其中的杂质和细菌，再将处理过的水排放到河流、湖泊和海洋中，使其重新加入大自然的水循环。还有一部分废水在进行净化之后直接回到供水系统中。

废水中有什么？

　　废水受到了污染，其中可能含有食物残渣、塑料纤维、化学品、药物和油漆，还有我们冲入马桶和流入排水沟的垃圾。有些固体废物会聚集在一起，形成大的"油脂块"，堵塞下水道。

隐藏用水

28

净化处理

大多数处理过的废水都达不到饮用标准，但应该达到足够的洁净度，以免排放后污染环境。遗憾的是，并非所有处理过的废水都能达标。

污水处理厂

污水处理厂对污水进行过滤，去除其中的大型漂浮物后，接下来还要经过至少三种去污处理，这样才能去除其中的固体废物、危险化学品和看不见的细菌。

以人体排泄物为主的固体废物都沉积在大型水箱底部。

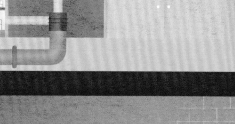

废水的旅程

废水被冲进排水沟后，通过管道流入大型下水道。各家各户的废水混合在一起，顺着下水道流入污水处理厂。

水箱内的有益微生物能够分解有害的细菌和污染物。

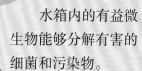

污水

45

接下来，人们会去除污水中的有益微生物，对净化后的水进行循环利用，或将其排放回大自然。

知识圈

排除和清洁废水是供水机构的重要工作。不过，世界上仍然有很多废水未经处理就被倾倒或排放至江河湖海，这些废水是水污染的主要来源。

地球上的水够用吗？

虽然地球上的水好像一直都是那么多，但这些水并不是均匀地分布在地球上。世界上仍有数百万人生活在缺少淡水的地区，还有几百万人无法获得清洁的淡水。

我们的水资源

世界人口正在迅速增长，因此人们的用水需求也在不断增加。地球上的许多地方都面临着日益严重的缺水问题。

利用率

每个地区的淡水供应情况大不相同。即使是水资源丰富的地区，也有可能因为污染问题而缺水。

拥有足够的水

42

水质

44

威胁

由于各种各样的原因，世界上很多人都面临缺水问题，而且这个问题有可能越来越严重。

过度用水

46

气候变化

48

争夺水资源

50

拥有足够的水

地球是一个水资源丰富的星球，但淡水的分布并不均匀。有些地方的降雨远远多于其他地方，由于水的长途运输非常困难，并不是每个人都拥有足够的淡水。因此，有些人有足够的水用于饮用、洗漱和冲马桶，但也有很多人连基本的饮用水都得不到保证。

寻找水资源

地区差异

有的地方缺水，有的地方却因为降雨量过大而苦恼。因此，不同地区和从事不同活动的人对待水的态度也有很大不同。

有水的生活

我们每天都能用上清洁安全的淡水，以至于很多人都不把水当成一回事儿。我们在生活中处处都要用到水，浪费水的现象也非常普遍，但我们要记住，世界上还有很多人得不到足够的水。

人们淋浴和盆浴时，会使用大量的水。

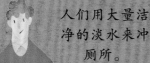

有人洗碗时一直开着水龙头，白白浪费水。

人们用大量洁净的淡水来冲厕所。

水和卫生

像新冠这样的流行疾病，让我们意识到洗手有助于预防疾病。然而全世界有近30亿人没有安全洗手的条件，即使在家中，他们也没有洗手的地方。

依水而居

50

水资源短缺

全世界约有一半人口生活在干旱地区，每年至少有一个月，他们面临严重的缺水问题。

缺水的生活

在有些地区，由于降水稀少或用水过度，湖泊和水库干涸龟裂。为找到距离最近的、便宜又洁净的水源，有十分之一的人需要步行超过半小时。全世界有四分之一的人家中没有卫生间。

知识圈

人们需要持续不断的水来满足日常需求，但是地球上水的分布并不均衡，我们要想办法为缺水地区提供足够的水。

我们使用耗水量很大的洗衣机频繁洗涤衣物。

人们用自来水浇灌室内植物，但植物更需要天然的雨水。

达到饮用标准的水中只有一小部分被用于饮用。

水质

我们不仅需要淡水，更需要没有污染的洁净淡水。然而，世界上至少有四分之一的人每天都要喝下被污染的水，因为他们别无选择。

农场污染

每逢下雨，农田里的动物粪便和肥料就会被雨水冲走，然后流进河流和湖泊。这些物质会破坏野生动物的栖息地。

是什么污染了我们的水？

化学物质、有害微生物和塑料垃圾等物体都会污染我们使用的水。这三种污染物的来源都可以归结到人类身上，有的出于人类的无心之举，有的则是人类故意为之。

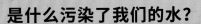
家庭用水

污水造成的污染

人类产生的污水是水污染的主要来源之一。很多含有细菌的污水未经处理就被排出，这使地球上三分之一的河流受到污染。

不洁饮用水的危害

全世界至少有1.22亿人直接饮用河流和湖泊中的水，如果这些水被污水污染，饮用者就会患上霍乱、痢疾和伤寒等传染病。

人为污染

在日常生活中，我们经常使用驱虫剂和防晒霜等化学品，在游泳或洗澡时，这些化学物质就会进入水中。

38

被污染的水有哪些危害？

每年都有约10亿人因饮用或使用被污染的水而生病，其中近200万人因此而死亡。

废水

工业污染

工厂、发电站和矿山都要使用大量的水。这些污水最终携带着危险的化学物质流回大自然，从而危害野生动物和人类。

废水

全世界约有80%的废水未经处理就流入江河湖海，其中也包括被冲进河流中的道路上的化学品和污物。

燃料污染

石油和化学品泄漏也会污染水源，给鸟类和诸如鱼类、海豚及海龟等海洋生物带来灾难。这些物质甚至可能破坏整个生态系统，例如珊瑚礁生态系统。

塑料污染

我们扔掉的垃圾也会污染水源，这包括大量塑料垃圾，而塑料需要数百年才能降解。

知识圈

饮用或使用受污染的水可能会引发严重疾病。我们有必要了解导致水污染的根本原因，以便能采取正确的措施来防止污染。

过度用水

在某个地区，如果人们使用的水占当地淡水资源的四分之一以上，我们就认为这个地区面临缺水压力。如果人们用水的速度超过了水循环系统补充水的速度，就会出现水资源短缺问题，也就是水供给不能满足用水需求。今天，全世界的淡水需求已经是100年前的6倍，显然，缺水压力和水资源短缺的问题越来越严重。

含水层

移动的水

很多食品通常被送往远离产地的市场，农作物和动物产品中的水分也随之转移到其他地区，并进入异国他乡的水循环系统。损失了这部分水分，生产这些食物的农场将面临缺水问题。

过度用水的危害

世界上大约有三分之一的含水层的失水速度大于当地水循环的补给速度。陈旧漏水的自来水管道也会加重水资源的流失。

破坏栖息地

很多人类活动都会对供水产生威胁。例如，某地砍伐森林的行为，可能会影响运送空气和水的整个自然循环。

人口增长

随着世界人口增长，人们的用水需求也不断增加。目前，全世界一半以上的人口面临水资源短缺问题。

干旱

49

收入越高，用水越多

在过去100年里，人类用水量的增长速度是新生儿出生速度的两倍多。这是因为全世界数十亿人能买得起更多耗水的产品，而且这部分人在家中就能用上洁净的淡水。

城镇用水

城镇地区对水的需求量很大。有些地区拥有淡水资源，却没有将水输送到人们家中的必要设施。比较富裕的人群有能力支付水费，但贫困人口仍然得不到足够的水。

天气事件

在一年中较为炎热的季节，居民用水量明显增加，但有时并没有足够的雨水补充水源。有些地区还会出现持续多年的干旱，人们没有足够的水来灌溉庄稼，饲养牛羊。

知识圈

地球上所有大陆都面临着过度用水和供水减少的严重问题。即使是淡水资源最丰富的地区也面临着同样的威胁。

水循环

气候变化的影响

交通工具、工厂和家庭燃烧了大量的煤炭、石油和天然气。这些化石燃料在燃烧过程中会向大气释放温室气体，这些气体又使全球温度升高，造成气候变化。气候变化带来了风暴等极端天气，导致冰川融化、海平面上升。受气候变化的影响，世界各地的水资源分布也发生了改变，洪水和干旱等自然灾害使越来越多的地区出现缺水问题。

洪水

近年来，气候变化带来了更多暴雨，导致海平面上升、冰川融化，这些问题都增加了部分地区出现灾难性大洪水的可能性。

洪水的危害

地表水突然增加，就会引发洪水。令人不解的是，洪水也会导致水资源短缺。这是因为洪水会将污染物冲入地表水和地下水，使水资源受到污染，影响人们的安全使用。

水的运动

气候变化改变了地球表面风和水的运动。如果雨水过多，来不及排入河道，就会引发洪水。

干旱

　　某个地区长时间降雨稀少，就会发生干旱。受气候变化的影响，干旱现象比以往更加普遍。

干旱地区的生活

干旱带来的危险

　　由于全球变暖，许多地方的用水量都有所增加。除了饮用水和降温用水之外，灌溉农作物也需要消耗大量的水。

地表水减少

　　干旱期间，农民的土地和作物都得不到灌溉，湖泊、水库、湿地等地表水源也会迅速干涸。

如果我们不采取措施，世界将会变成什么样？

　　气候变化引起干旱，作物生长和粮食供应都因为缺水而受到威胁。科学家们预测，如果不采取措施应对气候变化，到2050年，全世界将有一半以上的人口面临缺水问题。

知识圈

　　气候变化也影响供水的稳定性，缺水地区将受到更大的影响。我们必须立即采取行动，否则将有更多地区面临缺水问题。

争夺水资源

如何确保所有人都能获得足够的清洁淡水？这是全世界面临的难题。为了保证供水，政府、农场、工厂和个人相互竞争，甚至还可能会暴发冲突。第一次水资源之争发生在4 500多年前，当时，伊拉克的一个城市为了给运河引水，改变了一条河流的流向，切断了这条河流向另一个城市的河道。今天的领导者也面临着同样的问题：如何在不影响他人的前提下应对水资源短缺问题？

依水而居

为了解决供水问题，很多人会迁往更能提供稳定水源的地方。科学家预计，到2030年，将有数亿人因为干旱而被迫搬家。

人权

36

世界上约90%的国家至少与一或两个邻国共享同一个水源。

共同努力

为避免争夺水资源，各国应该共同努力，保护共有的水资源，并采取必要措施应对气候变化。

储水

　　人们在河流上建起大型水坝，目的在于拦截大量河水，调整河势，调节径流。不过，有些水坝在修建时，并没有考虑下游居民的供水将会受到怎样的影响。

改变供水

　　建起大坝后，上游地区的农田和居民获得了可靠的水源，但下游地区的水资源总量可能会相应减少，这可能会引发冲突。

长途跋涉

　　在被切断日常水源的地区，人们经常需要长途跋涉才能找到新水源。

知识圈

　　地球上的水并不会遵守人为划定的界限，因此水应该是全人类的共享资源。各国应该共同努力，管理好水资源，避免因争夺水源而产生冲突。

我们能否保障供水？

如何获得足够的淡水？世界上大部分地区都面临这个问题。我们必须立即采取行动，否则这个问题将变得更加严重。关于如何保障供水，人们各持己见，但我们可以通过合作来解决这个问题。

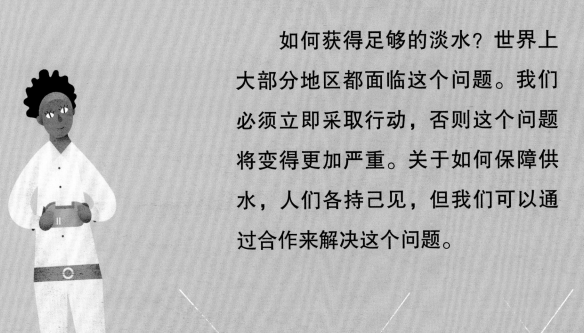

技术

智能科技

54

我们可以利用先进的技术保障供水，同时也要改变现在的用水方式，更好地保护生态系统。

科学发明

55

供水

一方面，我们可以运用科学技术来保障供水，甚至找到新的淡水资源。另一方面，我们也需要改变用水方式。

行动

本地

56

我们所作的任何决定都有可能影响到千里之外的人们，所以我们必须开展合作，共同保障供水。

全球

58

新技术

　　几千年来，人们一直在使用新技术来保障淡水供应。古代苏美尔人发明了灌溉系统，用来浇灌作物。古埃及人发明了化学过滤器，用来净化尼罗河的水。古罗马人建造高架渠，用来将水运过山丘和山谷。今天的科学家和工程师也在努力钻研，开发新的技术，以解决水资源短缺的问题。

家庭节约用水

水质

44

　　在家庭生活中，我们也可以利用技术节约用水。有些技术很简单，例如为马桶安装节水设备；也有些技术比较先进，例如使用智能水表。

智能水表可以监控用水量，避免浪费。

寻找新水源

　　人们正在利用技术寻找隐藏的水源。例如，不久前，科学家在美国东海岸附近的大西洋下发现了一处巨大的淡水含水层。

社区节约用水

　　人们经常使用ATM提取现金，但你见过从机器中取水吗？Drinkwell Water[①]公司就使用智能技术，让人们从自动饮水机中取水。在大量用户使用同一个供水系统的情况下，这样做有助于减少水的损失。

改善水质

　　生命吸管（LifeStraw®）是一种类似吸管形状的发明，用于现场过滤水。它能去除水中的寄生虫，使水达到安全饮用的标准。

_____

① Drinkwell是一家技术驱动的社会企业，为供水基础设施提供电力。

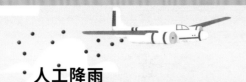

人工降雨

小水滴聚成云朵，又变成雨水落下，但它们并不总是降落在干旱的地方。需要降雨的时候，人们就会向云层发射某种物质，促使云层中的水分凝结成雨滴，形成人工降雨。

农场节约用水

智能灌溉技术通过人造卫星从太空中监测气候和降雨。卫星将这些信息发送到农民的手机，根据这些信息，农民可以选择在必要的时间和地点灌溉庄稼，从而减少用水量。

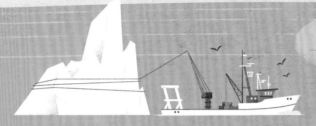

移动水源

还有些想法更加大胆。例如，有人建议将巨大的冰山拖进缺水的城市。以前曾有船只推开拦在航线上的冰山，但要远距离拖曳大型冰山，还要防止它在途中融化，显然是一项艰巨的任务。

新型农作物

农民正在努力种植抗旱作物，这种作物只需要少量的水，还有些作物甚至可以在没有土壤的情况下生长！

有些地区正在开展海水淡化项目，人们使用波浪驱动的浮标来生产淡水。

咸咸的海水

海水

通过去除盐分，我们可以将海水变成淡水，这种技术被称为"海水淡化"，但它需要消耗大量能源。如果能够使用可再生能源来淡化海水，那么海水有可能成为未来的重要水源。

知识圈

没有哪一种科学或技术能够完全解决缺水问题。为了保障全世界的淡水供应，除了运用科学技术之外，我们还需要改变用水方式。

保护身边的水资源

如何保护身边的水资源？答案实际上非常简单。我们要精心保护容易获取的水资源，确保所有人都能使用这些资源。如果我们对现有的水进行净化，并且减少浪费，其实并不需要花很多钱就能保护水资源。根据世界银行的计算结果，采取保护水资源的措施只需要花费世界总财富的千分之一左右，而我们获得的收益将远远超过花费的成本。

保护水资源

及时检修家里漏水的地方，这样我们人人都能为节水出力。一只漏水的水龙头一年就要浪费4 500多升的水，一只漏水的马桶水箱一天就要浪费450多升的水！

漏水的管道

46

节约用水

我们可以大幅度减少本地用水量。有人证实，因地制宜，制定周密的供水保障计划可以将用水量减少一半。

减少浪费

在许多国家，三分之一到三分之二的自来水在运输途中泄漏。解决这个问题就能节约大量淡水。

清理污染

我们需要更好地管理废水，防止污染物进入供水系统。如今，部分城市的水污染大大减少，原本肮脏的港口已经可以供人们游泳了。

红肉

新城镇规划

建设新住宅、规划新城镇时，也需要考虑水的问题。很多城市规划者意识到，应该保留洪泛区作为抵御洪水的天然屏障，而不应借助人工手段排水，在洪泛区建设城市。洪泛区能够过滤和储存雨水，保护周边地区远离洪水。

知识圈

为了保障供水，首先要考虑如何使用和管理水资源。关爱自然不仅是做好事，也有助于保障供水。

食物选择

富裕国家的居民食用大量红肉，但养殖提供红肉的牲畜需要大量淡水。如果我们能少吃一点红肉，这个小小的改变就会带来很大的不同。

保护筑坝河狸的栖息地有助于保护水源，防止洪水。

保护世界各地的水资源

我们一般都使用本地供水，由当地政府和负责特定区域的自来水公司管理供水。但水并不会遵守人类划定的界限。为了保障全世界的供水，世界各地的人们需要共同努力。许多护水英雄正在大力宣传节约用水的措施，以确保所有人都能获得洁净的水源。

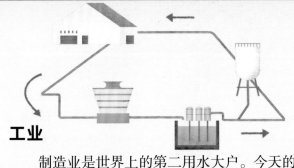

工业

制造业是世界上的第二用水大户。今天的工业用水已经发生了变化，例如工厂开始回收使用水，未来有可能节约大量工业用水。

护水英雄

来自各行各业的护水英雄正在努力保护我们的水资源。他们分享先进的理念，迎接新的挑战，帮助每一个人认识到节约用水的重要性。

适合水智能型城镇的植物

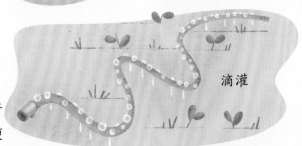

滴灌

科学家　慈善工作者　实业家

环保组织

环保组织致力于保护户外环境。他们努力恢复湿地，建议城市规划者选择需水量较小的植物，鼓励农民使用更先进的灌溉技术。

宣传节水理念

慈善机构

慈善机构努力为所有人争取洁净的水源。他们筹集资金，开展太阳能水泵等重要的新型项目，还努力说服政府制定关于节约用水的法律。

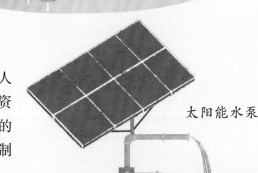

太阳能水泵

科学家们

世界各地的科学家们正在计算我们的需水量，然后根据计算结果帮助各国领导人做出更明智的决策。科学家们还开发出先进的设备，以便更好地改善水质，实现水的再利用。

SunSpring混合动力净水设备以太阳能和风能为动力。

可移动的WOTA水箱①就是一项用于清洁废水的发明。

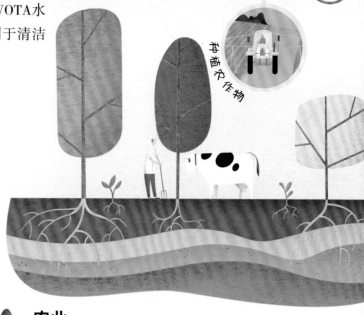

种植农作物

环保主义者　活动推广者　世界领导人　农民

农业

农业是世界上的第一用水大户。世界领导人必须与农民合作，在保证作物产量的前提下，采取相关措施来减少用水量。

活动推广者

开展国际节水运动有助于提高公众的节水意识，帮助公众了解河流清污等保护水资源的重要主题。

① 日本WOTA公司的产品，是一个便携式的水再利用装置。

知识圈

在世界各地，很多团体正在开展合作，保护我们的水源。世界各国领导人都应该团结起来，倾听这些团体的声音，确保未来所有人都能拥有清洁、可靠的水源。

我怎样做才能节约用水？

　　所有日用品在制造过程中都要消耗水。我们享受着便捷的自来水，可能无法想象有一天水龙头里再也流不出水。因为地球上并没有源源不断的洁净淡水，所以我们每个人都要为保护水资源出一份力。

节约用水

保护地球水资源，人人有责。我们可以通过多种方式节约用水。

减少用水量

我们可以采取措施减少家庭用水量，这包括日用品和食品的制造过程中的隐藏用水。

家用

购物

食品

采取行动

勇敢发出你的声音，鼓励身边的人保护水资源。只要我们贡献出自己的力量，即使是最不起眼的行动也能产生重大影响。

大力宣传

重返自然

重复利用

巧用水资源

结合水在家庭中的不同用途，我们可以做出哪些改变来减少用水量？建议你从小事做起，例如，不要把所有衣服都随手丢进洗衣篮，而是等确定要洗的时候再放。还有些变化可能需要我们提前制定计划，或者摒弃原来的旧习惯，养成新的习惯。很多节水理念都能给我们带来启发。

收集免费的水！

你可以让家人准备一只水桶，用来收集从屋顶流下的雨水，因为有时雨水可以代替自来水，用途非常广泛。

用雨水浇灌植物

43

在家洗车

我们可以使用收集的雨水清洗汽车，也可以洗自行车和脏靴子。

环保行为

用雨水浇灌植物，这对植物和地球都有好处。

选择环保材料

打扫卫生之前，请思考一下清洁活动对环境的影响！我们冲进下水道的很多东西都会污染水源，因此最好选择更环保的材料和洗浴用品。

关掉水龙头

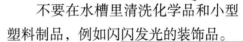

不要在水槽里清洗化学品和小型塑料制品，例如闪闪发光的装饰品。

合理刷牙

刷牙或洗手的时候，你是不是习惯让水龙头一直开着？这样一次洗漱就会浪费好几升的水。建议你养成及时关掉水龙头的好习惯。

厕所用水

我们冲厕所使用的水占家庭用水的近三分之一。可以建议你的父母在马桶水箱里放一块砖，以减少冲厕所的用水量。

合理饮水

打开水龙头直饮，不仅有安全隐患，也会浪费很多水。建议你在冰箱里准备一壶水，这样的水更加清凉可口！

知 识 圈

改变在家中错误的用水习惯，也能节约大量宝贵的水资源。从点滴做起，为节约用水做出贡献。同时也要鼓励家人和朋友改变他们的用水习惯。

57

改变习惯

少买东西

　　无论是喝水、做饭还是洗衣服，我们生活的方方面面都需要使用水。不过，农业和工业使用的水要比日常生活用水多得多。我们日常生活中使用的一切产品——从制造衬衫的棉花到制造塑料牙刷的石油——都离不开水。所以，想要减少水足迹和保护地球供水，另一个方法就是少买东西！

少买衣服

　　棉花喜欢温暖的环境，因此它也是最耗水的作物之一。制造一件T恤使用的棉花就要消耗满满18缸浴缸的水。

少洗衣服

　　洗衣服也需要大量的水。洗涤人造织物时，微小的纤维也会进入水中，污染水体。所以，衣服可以尽量多穿一段时间再进行清洗。

制作休闲鞋和运动鞋（特别是皮鞋）也需要大量的水。

少吃肉

　　我们每年使用的近十分之一的淡水都用于养殖动物。牛肉是最耗水的食品，其耗水量远远高于其他肉类。仅生产一个汉堡需要的牛肉，就要消耗2 000多升水。

少吃糖

　　种植甘蔗需要大量的水。我们吃的糖越多，需要的甘蔗就越多。我们的日常饮食并不需要糖，所以少吃甜食既有利于身体健康，也能减少水足迹。

无处不在的水

我们每次打开水龙头，都会多少浪费一些水。不过，我们实际使用的水远远不止是从水龙头中流出的水。我们购买和食用的每一样东西，在制造时都需要消耗大量的水。

知 识 圈

你知道吗？你家中的所有物品在进入你的家门之前都已经消耗了好几升水。我们可以少买东西，在合理的范围内少吃肉，这样做能增加每个人的可用水量。

水龙头以外的水

每10升淡水中，只有1升进入水龙头，其余都是隐藏用水。在离你数千公里以外的地方，这些水正被用于制造日用品、食物和玩具，所以减少购物也有助于减少水足迹。

制造一个塑料水瓶所消耗的水，至少是这个瓶子容量的两倍！

关闭电源

发电厂需要使用大量的水来制造蒸汽，驱动涡轮机。请记住，在电子设备充满电后，要及时关闭电源！

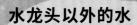
监控用水量

拒绝浪费纸张

全世界每年生产4.5亿吨以上的纸张。造纸使用的木材可以再生，但造纸过程需要消耗大量的水，所以我们也要节约用纸。

宣传节水理念

　　你可能年纪还小，不能参与国家和学校的治理，也当不了一家之主，但你仍然可以影响身边的人。你可以大胆提出改变生活的想法，也可以鼓励其他人采取行动。你的行为将产生连锁反应——你可以向其他人宣传用水知识，改变他们的生活，从而保护我们的地球。

发出自己的声音

　　敢于和别人谈论你所重视的水资源问题。和亲友谈论如何保护水资源，鼓励他们做出应有的贡献。了解奥特姆·佩尔蒂[1]等青年活动家，向他们学习如何向外界发出自己的声音。

爱护大自然

　　植物能够吸收和过滤水分，还能够阻止溪流水分流失，保持地下水位。因此，种植树木和保护当地野生动植物都是保障本地供水的好办法。

深入了解

　　通过书本和网络了解水资源信息，也可以咨询老师，了解能否在学校学习水资源知识。你可以向老师提议，制定外出学习计划，比如组织学生前往大坝、水库或水处理厂，了解这些设施是如何运作的。

[1] 奥特姆·佩尔蒂，水权保护者。加拿大《麦克林》杂志在2019年12月表彰了这位年轻人，将其列为加拿大"2020年值得关注的20人"之一。

59 引领改变

29

服装

知识圈

我们都要尽可能减少用水量，保护地球上的水资源。将自己的节水理念告诉其他人，你也可能改变许多人的生活。

监控水的使用

洗澡时最好使用花洒淋浴，不要泡在浴缸里，因为盆浴浪费的水更多。你还可以比较一下自己、家人和朋友的淋浴时长，由此来监控每个人的用水量。

每天一小步

冰冻三尺非一日之寒。你可以从小事做起，在家庭和学校中节约用水，例如多吃蔬菜少吃肉。你还可以制定计划，帮助身边的人做出改变。

重复利用

制作新衣服需要大量的水，我们可以寻找一些有趣的方式，鼓励其他人少买新衣。例如，你可以组织一次旧物交换派对，鼓励朋友们交换旧物，减少购买新东西的次数。

词汇表

冰川
缓慢流动的巨大冰体。

大气
环绕地球的空气层。

地表水
汇集在地表的水，包括河流、湖泊、湿地和海洋。

地下水
存在于地下的水，通常位于土壤颗粒或岩石缝隙之间。

地下水位
地下水的水面相对于基准面的高程被称为地下水位。

发洪水
由自然因素引起的江河湖海水量迅速增加或水位迅猛上涨的水流现象。

肥料
一类帮助植物快速生长变大、提升土壤肥力的化学物质。

废水
家庭、企业或工厂使用后的水。

分子
一组键合在一起的原子构成分子。两个氢原子和一个氧原子结合成一个水分子。

干旱
某地处于缺水状态，通常是由于该地区降雨量低于正常水平造成的。

高架渠
输送水的人造渠道，通常是一座横跨山谷的高架桥。

灌溉
为作物或其他植物提供水，帮助其生长。

过滤
从液体中去除多余颗粒或污染物的过程。

海水淡化
去除海水中的盐分，将海水变成淡水。

含水层
土壤空气层以下充满水分的饱和层。

化石燃料
由生活在数百万年前的植物或动物的残骸形成、含有能源的燃料，例如煤、石油和天然气。

回收
使用过的东西或废料得到再次利用。

降水
水以雨、雪、雨夹雪或冰雹的形式从空中降落地面。

冷凝
气体遇冷变成液体的过程。

流域
一片区域，这片区域的水都排入特定的河流系统或湖泊。

气候
较长时期内的典型天气模式。

气候变化
世界气候的持续变化。

缺水
某一地区的人们得不到足够的淡水资源来满足需求。

栖息地
动植物生长与繁衍的地方。

人口迁移

人口移动到新的地区或国家。

人工降雨

人们向云层发射某种物质，促使云层中的水分凝结成雨滴，形成人工降雨。

生态系统

生物与环境构成的统一整体。

生物燃料

使用生物产物和废弃物制成的燃料，例如农作物或食物残渣。

树液

一种在植物内部移动的液体，其中溶解了养料和其他物质，并可以将这些物质输送到植物的不同部位。

水坝

为阻止蓄水流或改变水流方向而建造的屏障。人和动物都可以建造水坝。

水处理

去除废水中的污物和细菌的过程。

水井

向地下开凿，用于取水的深洞。

水库

大型天然或人造水体，可以用作水源。

水循环

指大自然的水通过蒸发、水汽输送、凝结降落、下渗和径流等环节，不断发生的周而复始的运动过程。

水蒸气

以气体形式存在的水。

水资源压力

在特定地区，如果人们使用的水占当地淡水资源的四分之一以上，这个地区就面临水资源压力。

水足迹

特定地区、特定流程、个人或群体使用的淡水总量。

脱水

人体内没有足够的水分维持正常的生命活动。

微生物

只有在显微镜下才能看到的微型生物，例如细菌。

污染

环境中存在或被添加有害物质的过程。

污水

来自家庭或者工业建筑物的废水和废物，流入下水道这样的地下通道。

物态

指一般物质在一定的温度和压强条件下所处的相对稳定的状态，通常是指固态、液态和气态。例如：地球上的水在常温下以固态、液态和气态的形式存在。

细胞

大部分生物的基本组成部分。数十亿个细胞协同工作，维持生物的生存。

细胞膜

包裹细胞内容物的外部薄膜。

细胞质

充填于细胞内部的果冻状液态物质。

原子

构成所有物质的微小粒子。

藻类

一种有植物特性的小型生物，能够利用阳光中的能量生成自身所需的营养物质。

蒸发

液体遇热变成气体的过程。

智能技术

现代机器和方法的统称，可以收集数据，并使用人工智能技术执行任务。

重力

不同物体之间的吸引力。在重力的作用下，地球上的东西都往地上掉。

索引

图书在版编目（CIP）数据

如何保护水资源？ / (英) 伊莎贝尔·托马斯著；
(西) 埃尔·普里莫·拉蒙绘；大南南译. -- 北京：中译出版社, 2023.3
（思考世界的孩子）
书名原文: Are we running out of water?
ISBN 978-7-5001-7261-1

Ⅰ.①如… Ⅱ.①伊…②埃…③大… Ⅲ.①水资源
保护—儿童读物 Ⅳ.①TV213.4-49

中国版本图书馆CIP数据核字(2022)第232618号

著作权合同登记号：图字01-2022-4243
审图号：GS京 (2022) 1333号
Copyright © Weldon Owen International, LP
Simplified Chinese translation copyright © 2023 by China Translation & Publishing House
ALL RIGHTS RESERVED

如何保护水资源？
RUHE BAOHU SHUIZIYUAN?

策划编辑：胡婧尔　吴笫
责任编辑：刘育红
营销编辑：李珊珊
文字编辑：张婷婷
特约审校：朱宇晨
出版发行：中译出版社
地　　址：北京市西城区新街口外大街28号普天德胜大厦主楼4层
电　　话：(010) 68359827, 68359303 (发行部)；
　　　　　(010) 68002876 (编辑部)
邮　　编：100088
电子邮箱：book@ctph.com.cn
网　　址：http://www.ctph.com.cn
印　　刷：北京博海升彩色印刷有限公司
经　　销：新华书店
规　　格：889毫米 × 1194毫米　1/16
印　　张：4.5
字　　数：34千字
版　　次：2023年3月第一版
印　　次：2023年3月第一次

ISBN 978-7-5001-7261-1　　　　定价：76.00 元

中译出版社